航天科工出版基金资助出版

航天与建筑

赵祖望　著

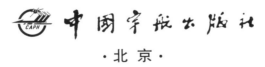

中国宇航出版社

·北京·

图书在版编目(CIP)数据

航天与建筑／赵祖望著 . — 北京：中国宇航出版
社,2016.9

ISBN 978-7-5159-1191-5

Ⅰ.①航… Ⅱ.①赵… Ⅲ.①建筑设计-作品集-中
国-现代 Ⅳ.①TU206

中国版本图书馆 CIP 数据核字(2016)第238909号

| **责任编辑** | 侯丽平 | **装帧设计** | 宇星文化 |

出　版 发　行	中国宇航出版社		
社　址	北京市阜成路8号　邮　编　100830	版　次	2016年9月第1版
	(010)60286808　　(010)68768548		2016年9月第1次印刷
网　址	www.caphbook.com	规　格	787×1092
经　销	新华书店	开　本	1/16
发行部	(010)60286888　　(010)68371900	印　张	11.25
	(010)68286887　　(010)60286804(传真)	字　数	274千字
零售店	读者服务部	书　号	ISBN 978-7-5159-1191-5
	(010)68371105	定　价	168.00元
承　印	北京画中画印刷有限公司		

赵祖望

1935 年　　出生于湖北武汉
1960 年　　毕业于华南工学院建筑学专业
2000 年　　获"中国工程设计大师"称号
1960 年至今　工作于中国航天建设集团有限公司

被评为

国家一级注册建筑师、研究员
航空航天部级"有突出贡献专家"
"航天工程荣誉建设者"称号

作品曾获

中国空间技术研究院获国家金奖
九龙游乐园获北京市群众最喜爱的
古建筑奖
石岩湖获优秀建筑二等奖

前 言

　　自 1960 年毕业于华南工学院以来，在建筑领域工作 50 余年，可谓繁杂而多彩。我们这一代人，从 20 世纪 50 年代开始学习苏联的建设经验和设计理念，主张"民族形式、社会主义内容"，对西方的一切采取严加排斥的态度，而在强调民族形式的同时，又展开了对复古主义的批判。当时作为一个学生，有些无所适从，值得欣慰的是，我们的导师是岭南建筑的带头人陈白齐和夏昌世教授，将我们领进了建筑学专业的大门，也教会了我们在建筑这条道路上应如何走。而真正让我们的才能得以发挥并取得成就的，还是 20 世纪 80 年代以来的改革开放政策，首先最重要的就是城市建设从封闭自守的状态走向开放的道路，西方一些先进的设计理念和设计手法以迅猛的速度充斥我国建筑市场，我们就是在这种疯狂高强度的工作状态下，一步一步地成长并逐步走向成熟的。

　　作为航天科工七院的建筑师，我希望在"以人为本"的思想指导下应以不破坏自然环境为前提，也反对毫无道理地模仿自然界中的动植物，建筑就是建筑，它应该是美观的、实用的，而且是充满情趣的。立足于本土，海纳世界之精华，以现代的成果为基础从事自己的创作，成为我毕生的追求。

　　60 载航天事业辉煌路，为航天建设事业奋斗 50 年以来，随着航天事业的发展，做了不少为尖端科技服务的建筑设计，本书不便一一列举。书中收集的作品，由于时间仓促，只整理了现成资料编辑而成，不分良莠和建成与否，权当记录本人几十年所走过的道路、所留下的足迹，并以此呈现于大家。

　　感谢中国航天建设集团有限公司各级领导的关心和帮助；感谢中国航天科工出版基金的资助和中国宇航出版社的支持；此外，特别感谢青年建筑师韦舒婧和张师赫为本书的付出，使本书能顺利出版。由于本人水平有限，不足之处请相关专家学者指正。

赵祖望

2016 年 8 月

目　录

大连中民奥特莱斯商业步行街

项目地点：辽宁省普兰店皮口港
设计时间：2014 年
用地面积：200197 平方米
建筑面积：135926 平方米
设　计　者：赵祖望
设计合作者：邹　威　韦舒婧　戴　晋

　　本方案购物流线清晰，平面布局灵活多变，通过街道的连桥、柱廊、建筑小品构成丰富多彩的"节点"。在适当的位置设观赏塔，与商店为主的二层形成完美的天际轮廓线，为购物者和游人提供了一个舒适、美观、具有欧洲风情小镇风格的奥特莱斯。

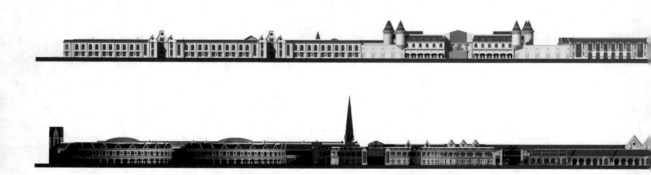

北侧沿街立面图

南侧滨海立面图

东立面图

西立面图

首层平面图

二层平面图

三层平面图

郑州世园会航天馆、航空馆

项目地点：河南省郑州市
设计时间：2014 年
用地面积：408000 平方米
建筑面积：36450 平方米
设 计 者：赵祖望
设计合作者：韦舒婧　张师赫
　　　　　　李宝龙

　　世园会航天馆包括航天展览馆、热带雨林展厅、航天育种展厅以及花卉餐厅。通过一个半圆形旋转坡道空间，将一个椭球形体的展览馆和三个半球形体的生态温室有机地结合，组成一个具有雕塑感的新型建筑形体。功能分区明确，参观流线顺畅、统一而又具有灵活性，参观者可以自由选择参观路线。

　　航空馆由一矩形平面组成，将建筑块体分为成向内倾斜的两段形体，构成富于动感的造形，与旁边的航天馆相映成趣。总平面主轴各太空大道，将展厅与室外展场有机结合，形成有文化品味和有情趣的环境。

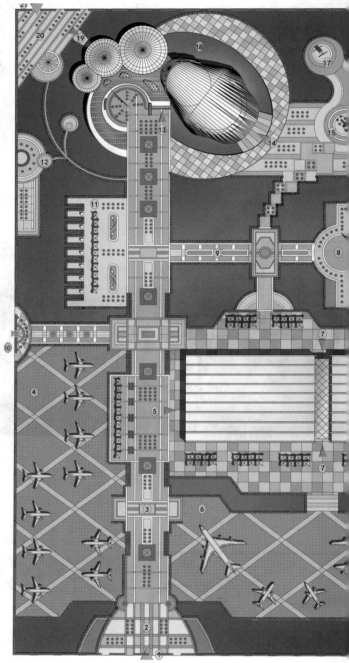

航空馆效果图

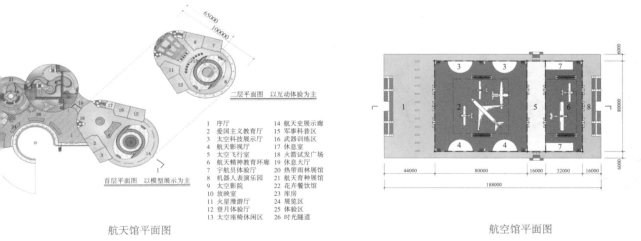

二层平面图　以互动体验为主

首层平面图　以模型展示为主

1 序厅	14 航天史展示廊
2 爱国主义教育厅	15 军事科普区
3 太空科技展示厅	16 武器训练区
4 航天影视厅	17 休息室
5 太空飞行室	18 火箭试发广场
6 航天精神教育环廊	19 休息大厅
7 宇航员体验厅	20 热带雨林展馆
8 机器人表演乐园	21 航天育种展馆
9 太空影院	22 花卉餐饮馆
10 放映室	23 库房
11 火星漫游厅	24 展览区
12 登月体验厅	25 体验区
13 太空座椅休闲区	26 时光隧道

航天馆平面图

航空馆平面图

新疆航天文化主题园区

项目地点：新疆乌鲁木齐
设计时间：2014 年
用地面积：223973 平方米
建筑面积：177722 平方米
设　计　者：赵祖望
设计合作者：韦舒婧　张师赫

　　项目地块被一条规划道路划分为南、北侧地块。南侧地块包括太空农业展览馆、航天娱乐体验馆、拓展基地、培训中心等，作为航天主题展示区。北侧地块包括酒店、精品商业步行街、别墅区等，作为基础配套区域。为了增加两地块的整体紧密性，规划了一条贯穿南北两块基地的主轴线。在两地块入口的交接点，设置两个遥相呼应的景观广场。基地内设水系、亭台、步道、景观小品等元素，增加规划平面的灵活性。不同形态曲体组合，建筑高低有序，形体搭配活泼有序，深得甲方高度评价。

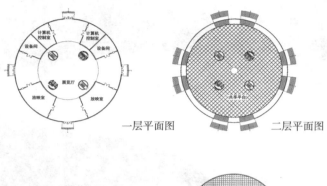

一层平面图　　　　　　二层平面图

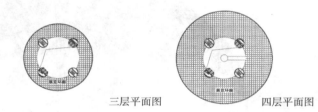

三层平面图　　　　　　四层平面图

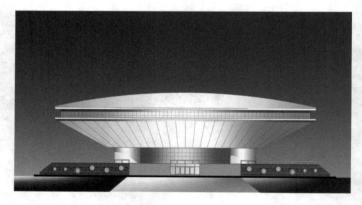

航天展览馆

北

0 10 20   50 m

建议发展用地

停车场建议发展用地

展览建议发展用地

用地红线

建筑控制线

建议发展用地

1 太空农业展览馆
2 航天体验馆
3 素质拓展基地
4 教育培训中心
5 航天展览馆
6 星际广场
7 露天展场
8 航天大道
9 航天文化主题园区入口广场
10 旅游购物休闲中心入口广场
11 停车场
12 旅游购物休闲中心
13 旅游购物休闲中心入口次广场
14 旅游休闲酒店
15 旅游休闲酒店入口广场
16 住宅区入口广场
17 低密度住宅区
18 住宅区次入口
19 邻水景观带
20 幼儿园

技术经济指标		
项目		单位（m²）
总用地面积		223973.12
总建筑面积		177722
建筑占地面积		60623
其中	太空农业展览馆	6536
	航天体验馆	5278
	航天展览馆	5843
	教育培训中心	7472
	旅游购物休闲中心	64942
	旅游休闲酒店	39419
	低密度住宅	48232
容积率		0.8
建筑密度		27%
绿化率		49%

秦岭植物园温室

项目地点：陕西省西安市
设计时间：2014 年
用地面积：3000 平方米
建筑面积：6060 平方米
设 计 者：赵祖望
设计合作者：王　秀　张师赫　韦舒婧
　　　　　　王　记　李明亮　游　环

　　本方案由南侧梭形主体温室、中部的半圆球形入口序厅，以及东侧的半球形科研厅组成。三者均以弧形连廊串接，形成动感十足的整体。在入口序厅及科研厅下设高低错落的平台，增加竖向空间变化。总平面环境设计与单体有机配合，流畅的曲线连接，形成富有情趣的室内外环境。

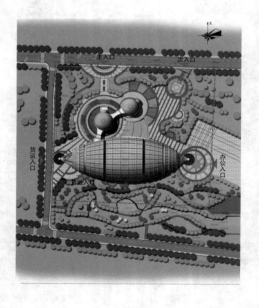

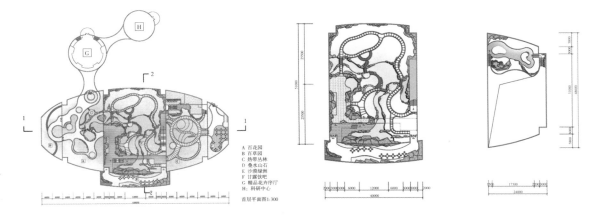

A 百花园
B 百草园
C 热带丛林
D 叠水山石
E 沙漠绿洲
F 甘露饮吧
G 精品花卉序厅
H：科研中心

首层平面图1:300

首层平面图

负5米标高及夹层平面图

剖面图

北立面图

秦岭植物园标本馆

项目地点：陕西省西安市
设计时间：2014 年
用地面积：23333 平方米
建筑面积：3230 平方米
设 计 者：赵祖望
设计合作者：王　秀　韦舒婧
　　　　　　张师赫　王　记
　　　　　　李明亮　游　环

　　标本馆包括标本展馆、种质资源库、多功能厅、信息管理、多媒体演示厅等多种功能。标本馆采用了以"六边形钻石状"为母题不断重复，以中国绘画散点布局手法，依山就势，层层叠起，这种保留原有地形、地貌的山地建筑设计手法能够有效提高土地利用率，减少填、挖方量，节约建设成本，且能获得灵活自由的建筑形态布局。

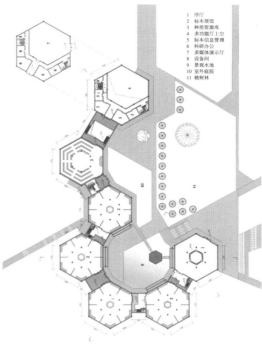

1 序厅
2 标本展馆
3 种质资源库
4 多功能厅上空
5 标本信息管理
6 科研办公
7 多媒体演示厅
8 设备间
9 景观水池
10 室外庭院
11 桃树林

平面图

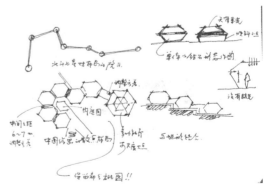

设计构思图

西安洒金桥商业综合体

项目地点：陕西省西安市
设计时间：2014 年
用地面积：32542 平方米
建筑面积：240933 平方米
设　计　者：赵祖望
设计合作者：韦舒婧　姚佳岑
　　　　　　吕天一　张师赫

　　本方案由宾馆、公寓、大型商场及回迁住宅组成，顺畅的购物流线、丰富多彩的商业节点、休闲娱乐空间，极大地丰富了综合体的实用空间。优美的动态流线，简约的造型设计，以一种现代的设计手法，展现在这个以传统方正为基础的都城之中，必将成为这座古城的亮点。

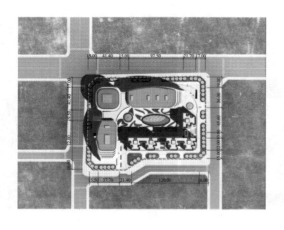

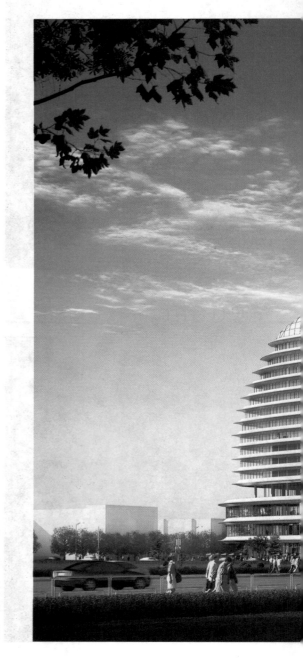

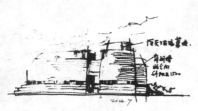

设计构思图

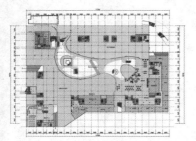

负一层平面图

一层平面图

公寓标准层连接体

独立住宅平面图

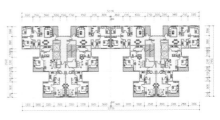

住宅组合平面图

国家物联网公共服务平台
石家庄智慧农业示范基地

项目地点：石家庄
设计时间：2014 年
用地面积：2.7 万亩　（1 亩 =666.67 平方米）
设 计 者：赵祖望
设计合作者：韦舒婧

石家庄

0　200　　500　　　1000

　　根据地块自身及周边环境情况，配合项目功能要求，在规划地块范围内设计了两条相互垂直的主轴线。在轴线的基础上，我们将地块划分为景观农业、休闲农业、工厂化农业、新技术农林、智慧物流、精品果蔬等十大现代化试点农业区域。区域布置疏密得当，相近功能区域联系紧密，配套服务休闲设置完善。景观节点、位置得当，成序列布置，主次分明。地块范围内引入南侧滹沱河的水系，丰富基地内部环境。

　　沿滹沱河边设多国风情园和大片花卉展区，形成环境优美，科教、娱乐、休闲为一体的现代农业示范基地。

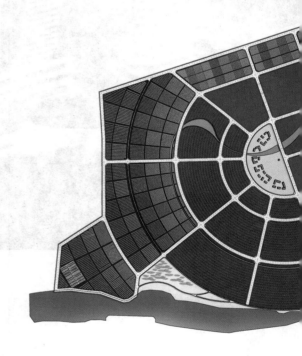

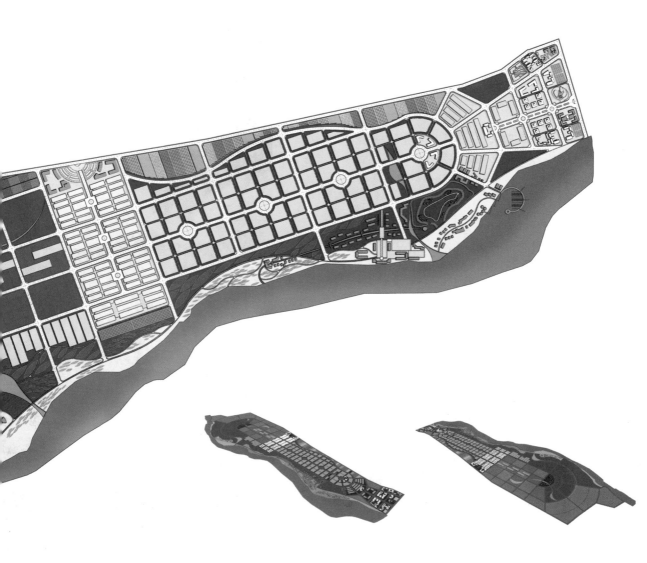

中国航天科工集团公司
援建希望小学

设 计 时 间：2014 年
建筑面积：5457 平方米
设 计 者：赵祖望
设计合作者：郭　瑶

　　中国航天科工集团公司援资援建
我国西南边远地区希望小学，其建设
地点可能是多处，在地区环境和地方
材料不确定的情况下，本方案以标准
化设计的方式作出平立面设计，各个
地区可根据本方案作适当调整。

　　在节省投资、用地的情况下，尽
可能地为学生创造丰富的室内外活动
空间和良好的寓教于乐氛围，为边远
地区教育事业做出贡献。

　　本设计采用清砖砌筑方法，雕塑
的设计手法，作品小学学校不仅节约
投资，而且具有文化品味。

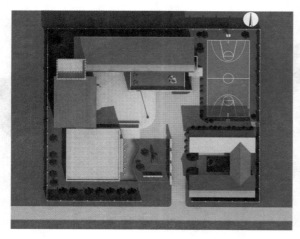

一层平面图

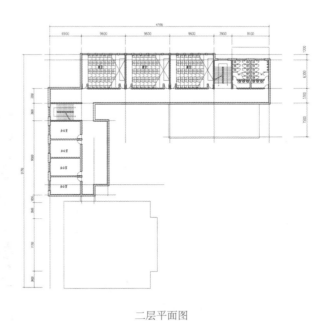

二层平面图

中国国家画院

项目地点：北京
设计时间：2013 年
用地面积：10621 平方米
建筑面积：34328 平方米
设　计　者：赵祖望
设计合作者：孙思乐　孙中轩　檀朋飞
　　　　　　张师赫　于　冰　李清一

　　遵循以人为本的设计原则，我们为画家提供了大画室、小画室，以及版画雕塑室、培训课室等功能用房。将各功能用房组合在一个偌大的园林式共享空间周围，形成舒适、富于艺术气质的空间组合。外形采用简约的竖直线条与三角形的体块配合，成为超凡脱俗的现代建筑。

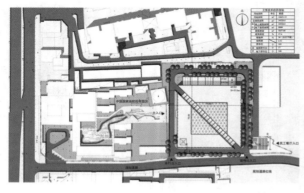

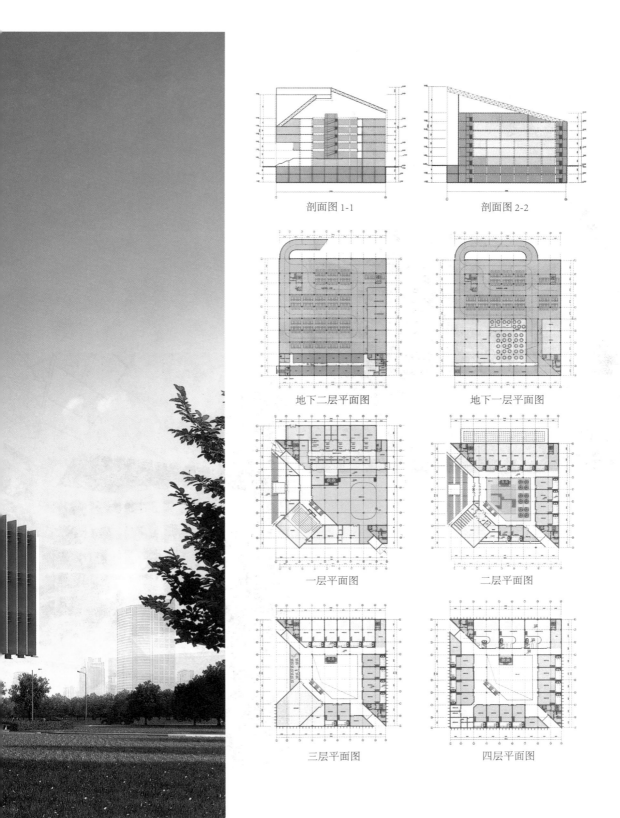

剖面图 1-1

剖面图 2-2

地下二层平面图

地下一层平面图

一层平面图

二层平面图

三层平面图

四层平面图

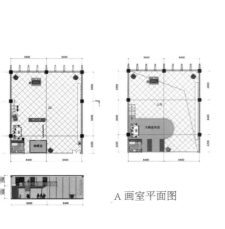

A 画室平面图

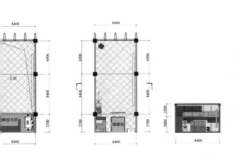

B 画室平面图

青岛世界园艺博览会植物馆

项目地点：山东省青岛市
设计时间：2011 年
用地面积：2.44 公顷（1公顷 =10000 平方米）
建筑面积：15846 平方米
设 计 者：赵祖望
设计合作者：王 秀 王 记 孙中轩
　　　　　孙思乐 李明亮

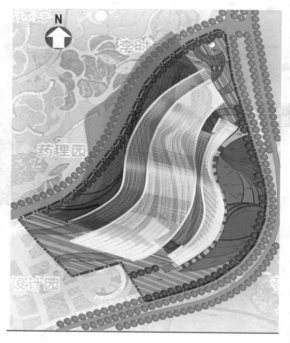

采用流动的形体、透明的玻璃材质，
以生态森林为陪衬，设计出一个晶莹剔
透的温室，给人以清新明亮的感觉。

平面分割出热带植物区、旱地植物
区、山地植物区，以及办公、休闲、餐
饮等功能区。展览动线清晰，节点设计
多彩，竖向高低错落有致，与园区环境
配合得体，形成动感十足的温室建筑。

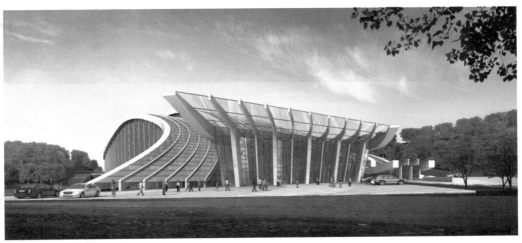

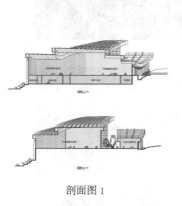

剖面图 1

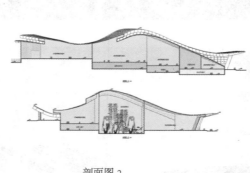

剖面图 2

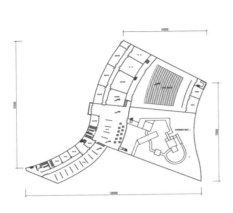

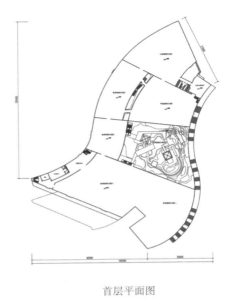

地下一层平面图 首层平面图

中央某局办公楼方案设计

项目地点：北京市
设计时间：2012 年
建筑面积：34670 平方米
设 计 者：赵祖望
设计合作者：孙思乐
竞赛获奖方案。

项目用地约呈梯形，为避免对原有建筑物的破坏，新建办公主楼于场地北侧南北向布置，与场地南侧的八边形食堂围合出中心广场和庭院，并与保留建筑物连通。通过多空间的处理手法，布置多层次的立体景观，为地下空间创造丰富的采光环境。

形体和材质，均与周边建筑配合，造形古朴细致美观。

地下三层平面图

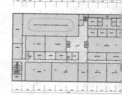

地下二层平面图

地下一层平面图

一层平面图

二层平面图

三层平面图

济南西客站安置一区

项目地点：山东省济南市
设计时间：2012 年
建筑面积：115477 平方米
设 计 者：赵祖望
设计合作者：王 宁 何孝亮
　　　　　　李玉玲 孙越奇
获竞赛一等奖并实施。

　　本住宅小区项目设计中，以豪华型、舒适型、主流型、中小型四类住宅户型组成一个多层级的住宅小区，适用于更多的居住人群，符合城市的发展要求。另外商业办公、小区会所等配套功能提升了小区的功能层级。 简约有序的建筑造型，营造出了舒适、宜人的小区居住环境。

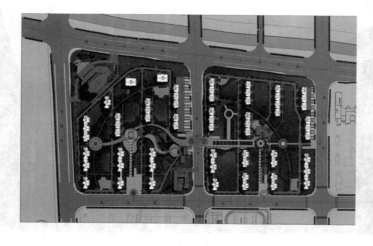

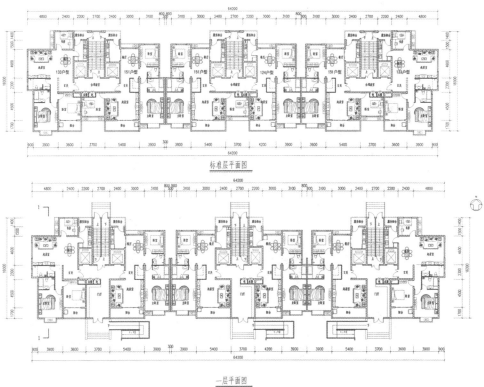

标准层平面图

一层平面图

舒适型住宅平面组合

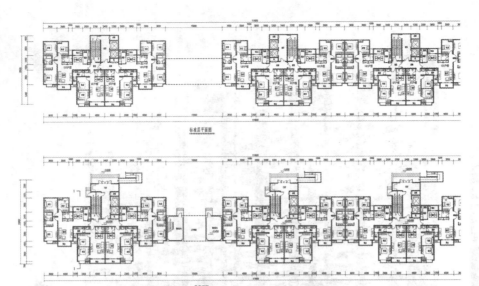

标准层平面图

一层平面图

主流型住宅平面组合

标准层平面图   一层平面图

中小型住宅平面组合

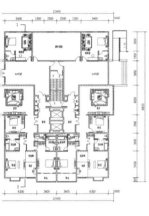

一层平面图

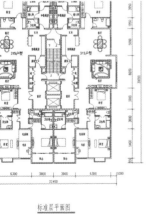

标准层平面图

豪华型住宅平面组合

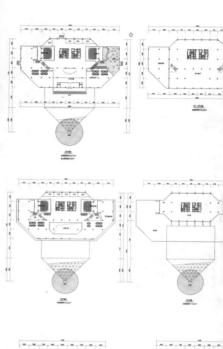

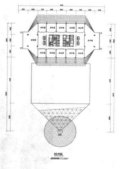

商业办公平面

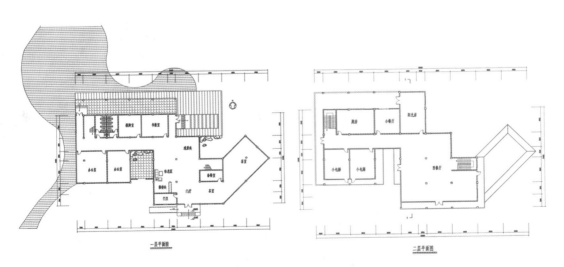

会所平面

中国信达灾备及后援基地
建设项目概念性方案设计

项目地点：安徽省合肥市
设计时间：2011 年
建筑面积：97142 平方米
设　计　者：赵祖望
设计合作者：孙思乐

　　项目用地被几何式划分为
四块，由水平展开的圆形技术
中心和竖直向的办公楼组成。
中央水池向东延伸，与技术中
心底层方向水系相连，组成总
平面中几何构图的水系。均衡、
简洁、通透的建筑造型，正符
合地区的地域特点，是滨湖开
发区的典型力作。

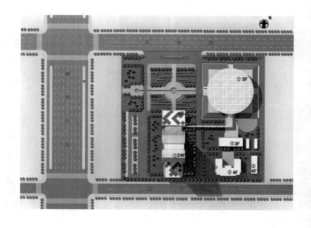

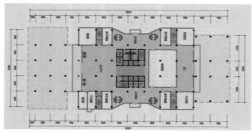

一层平面图

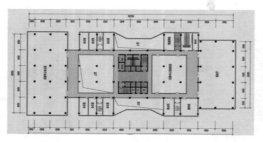

二至四层平面图

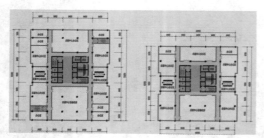

五至八层平面图　　　　九至十一层平面图

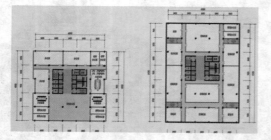

十二至二十四层平面图　　地下一至地下三层平面图

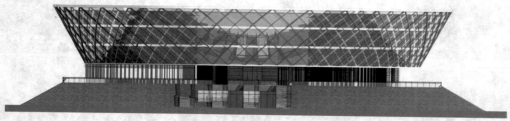

南立面

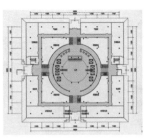

一层平面图

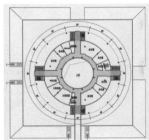

二层平面图

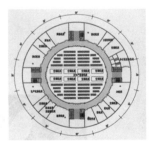

三层平面图

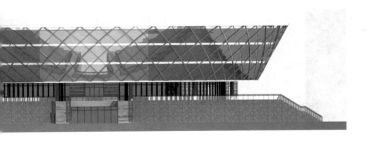

西立面

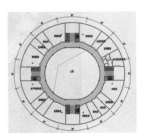

四层平面图

中国航天科技集团公司
某所实验楼

项目地点：北京市
设计时间：2010 年
建筑面积：26024 平方米
设　计　者：赵祖望
设计合作者：孙思乐

　　本项目处于山地当中，地形复杂，高差较大，设计充分结合地形，通过对建筑的折线处理手法，使建筑与地形建立了良好的共生关系，建筑造型与山地地形结合，节约大量土方，形成富于张力的构图。

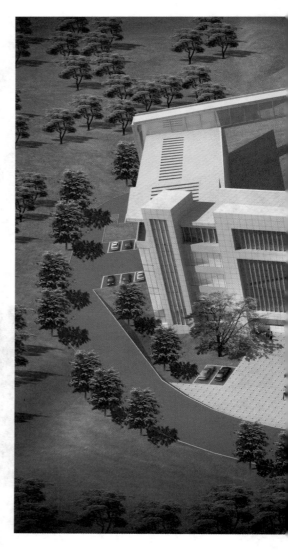

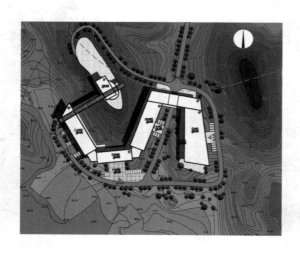

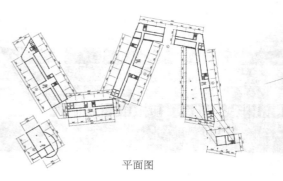

平面图

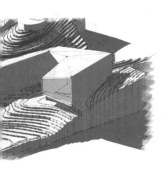

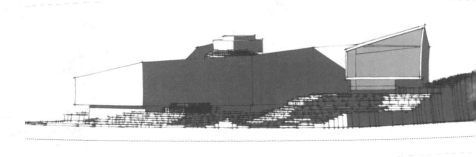

航天怀柔培训中心改造工程

项目地点：北京市怀柔区
设计时间：2010 年
建筑面积：2758 平方米
设 计 者：赵祖望
设计合作者：孙中轩

　　培训中心方案设计依托于怀柔雁栖湖的自然环境，用统一的现代建筑形式和院落围合的手法，将培训、办公、宿舍、食堂等组合到一起，流线明确、功能合理，为员工培训创造出轻松舒适的学习环境。

　　总图中，将旧建筑与新建的建筑仔细地加以整合，组成新的有情趣的环境。

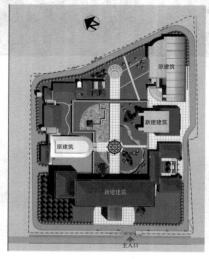

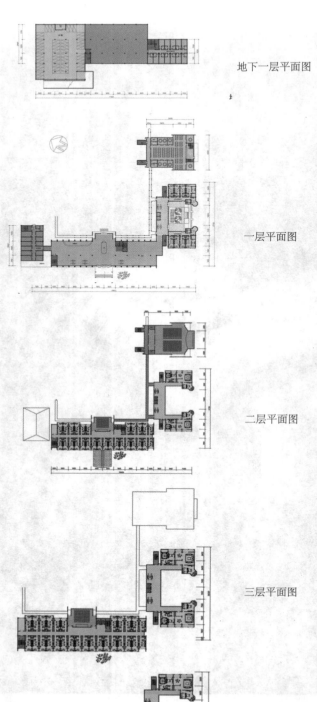

地下一层平面图

一层平面图

二层平面图

三层平面图

四层平面图

重庆黄山抗战遗址博物馆

项目地点：重庆市南山风景区
设计时间：2009 年
建筑面积：4981 平方米
设 计 者：赵祖望
设计合作者：杨 宁 胡 飞 邹 威
竞赛获奖。

　　用地为抗日战争时期蒋介石的办公用地，独具小巧精致的山形。本设计根据山地环境，建筑依山就势，采用化整为零的设计手法，高低错落有致，空间通畅且富于变化，呈梯台状形体的展馆采用灰色筒瓦的大片坡屋顶，赋予了展馆中国传统的韵味。

　　入口广场处于冲沟地貌中，高差 23 米，利用此高差设计多层地下车库及备用活动用房，顶层则是广场入口，与自然山体结合得堪称完美。

一层平面图

二层平面图

三层平面图

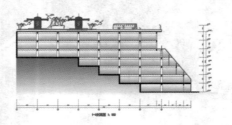

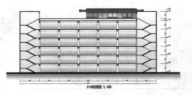

剖面图

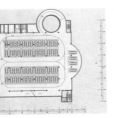

地下一层平面图

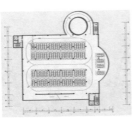

地下二层平面图

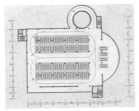

地下三层平面图

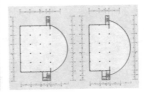

地下四层平面图

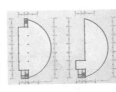

地下六层平面图

2010 上海世博会太空家园展览馆

项目地点：上海
设计时间：2009 年
建筑面积：2112 平方米
设 计 者：赵祖望
设计合作者：邹　威　程　亮

　　作为世博会中的太空展览馆，方案采用了地球的概念造型，加以切割，留出"地心"形成具有太空星球的形态。使人们产生仿佛是在太空宇宙里观看各个星球时的空间视觉感受。其内部结合造型，设置通高中庭，为展品布置与展览流线做出合理的功能布局。

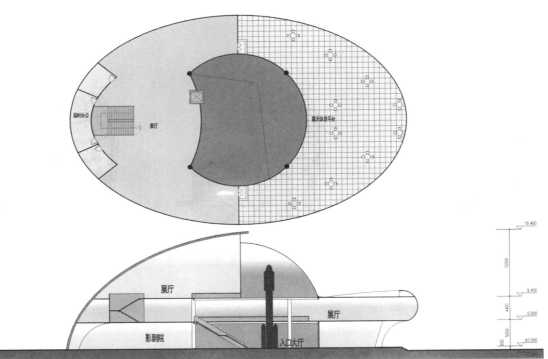

航天馆平面剖图

福建省漳州市云霄县行政中心规划

项目地点：福建省漳州市云霄县
设计时间：2007 年
竣工时间：在建
建筑面积：1413750 平方米
设　计　者：赵祖望
竞赛获奖。

　　行政中心选址于乌山之东坡，
依山傍水，将政府办公大楼及人大
办公楼设于区内中轴位置，再以此
中轴线布置其他办公、宾馆商业、
金融、展览馆、高层住宅等，将
自然坡地地形与市民广场高度结
合，以几何构图的形式层层跌落，
从而使整个行政中心形成了独有
的序列空间体系。

规划地段位置图

区位图

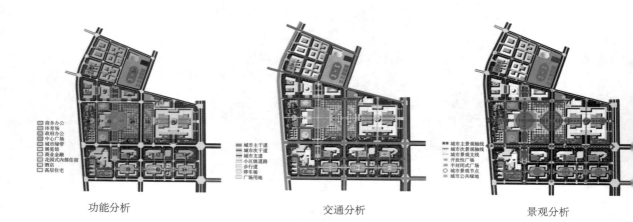

功能分析　　　　　　　　　　　交通分析　　　　　　　　　　　景观分析

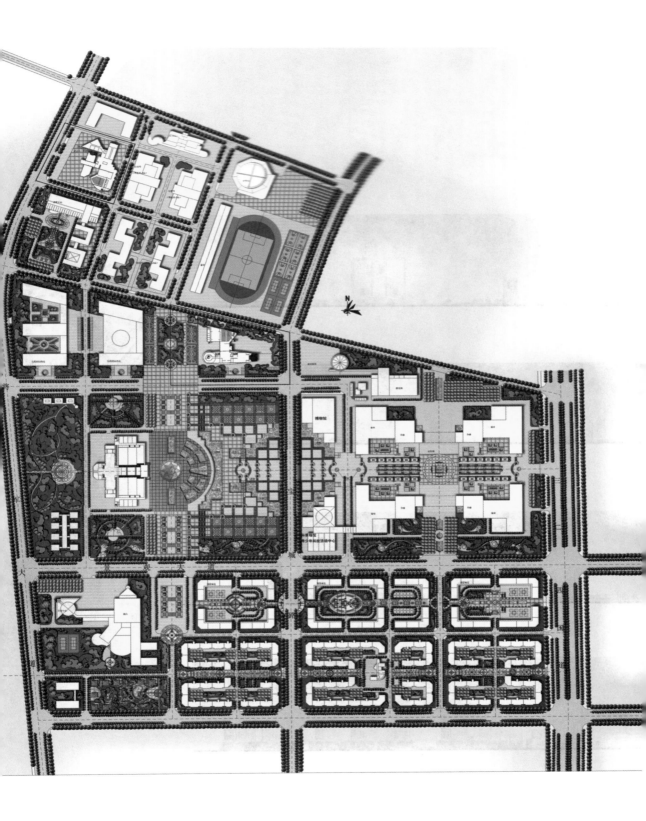

宝成路街景立面

景观大道 A 段街景立面

沿街东立面

沿街南立面

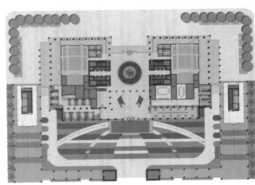

图例：
接待室
多功能厅
休闲空间
展厅
设备间
交通
卫生间
停车位
室外铺地

政府办公楼平面图

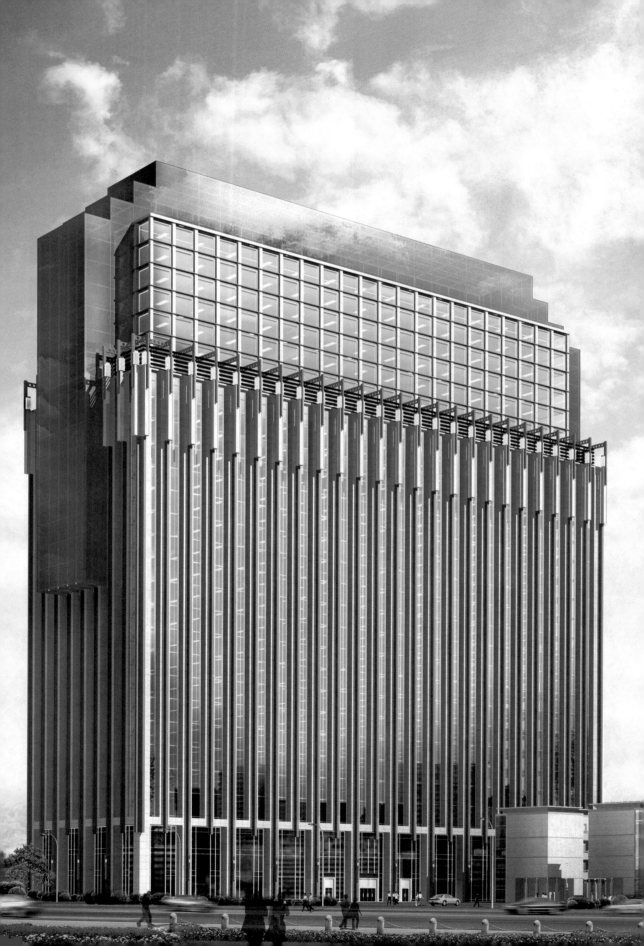

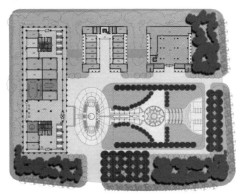

图例：
办公室间
接待室
设备间
交通
餐厅
厨房
卫生间

科技中心办公楼平面图

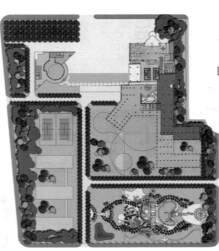

图例： 大堂
餐厅
商店
接待室
厨房
礼堂
休息间
设备间
交通
卫生间

酒店平面图

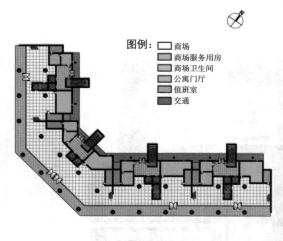

图例：
- □ 商场
- 商场服务用房
- 商场卫生间
- 公寓门厅
- 值班室
- 交通

住宅平面图

兰州连城铝业有限公司办公楼

项目地点：甘肃省兰州市
设计时间：2007 年
建筑面积：30318 平方米
设 计 者：赵祖望
获竞赛一等奖。

　　办公楼由裙房和塔楼两部分组成，塔楼又分为折线和直线两部分，折线体量让建筑整体充满动感，成为区域中的标志性建筑。建筑内部着重考虑使用便捷的因素，精心设计出人性化的办公交往空间序列。

北

次入口
（酒店入口）

次入口

主入口

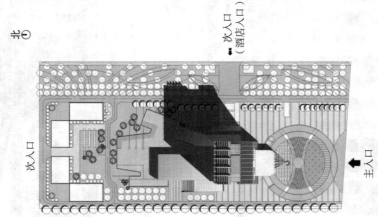

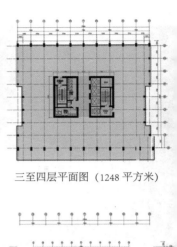

三至四层平面图（1248 平方米）

五层平面图（1219 平方米）

东立面 南立面 西立面

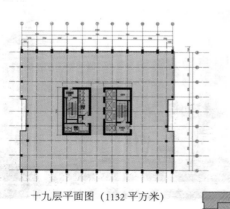

十九层平面图（1132 平方米）

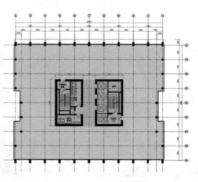

二十层平面图（1132 平方米）

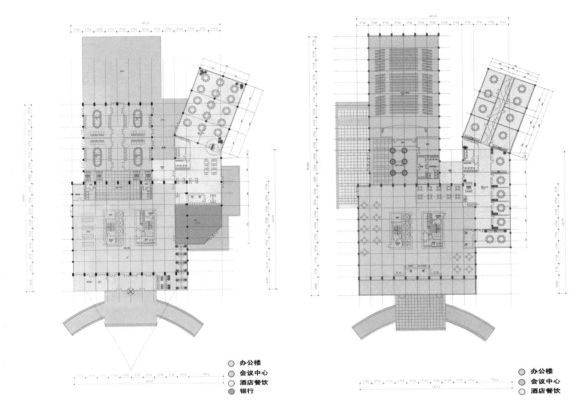

首层平面图

二层平面图

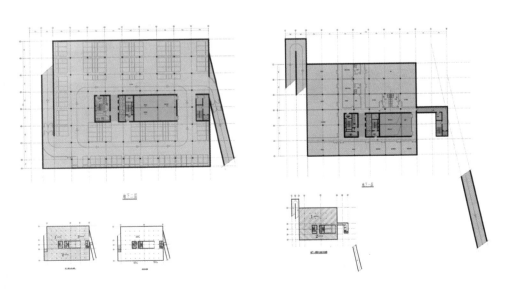

地下二层平面图

地下一层平面图

海南大学三亚学院

项目地点：海南省三亚市
设计时间：2006 年
建筑面积：263550 平方米
设 计 者：张在元
设计合作者：赵祖望

　　本项目用地虽然规整，但并没有采用通常的满铺式布局，而是采用了一种有秩序、有节奏、有主旋律的"有机组合单元式布局"，并成为海南大学三亚学院独有的个性特征。

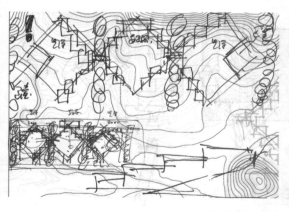

张在元手稿

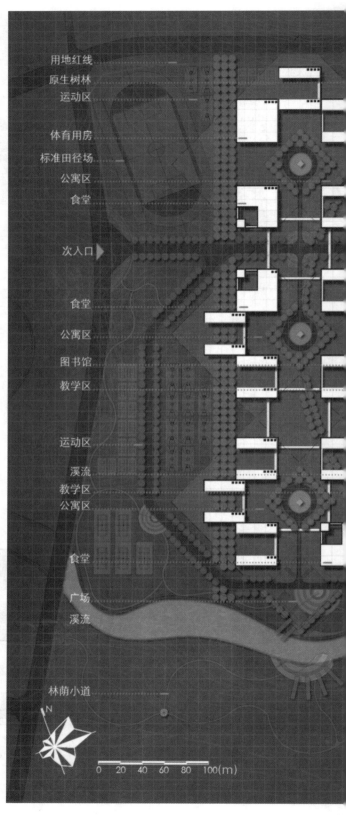

用地红线
原生树林
运动区
体育用房
标准田径场
公寓区
食堂

次入口

食堂
公寓区
图书馆
教学区

运动区
溪流
教学区
公寓区

食堂
广场
溪流

林荫小道

N

0　20　40　60　80　100(m)

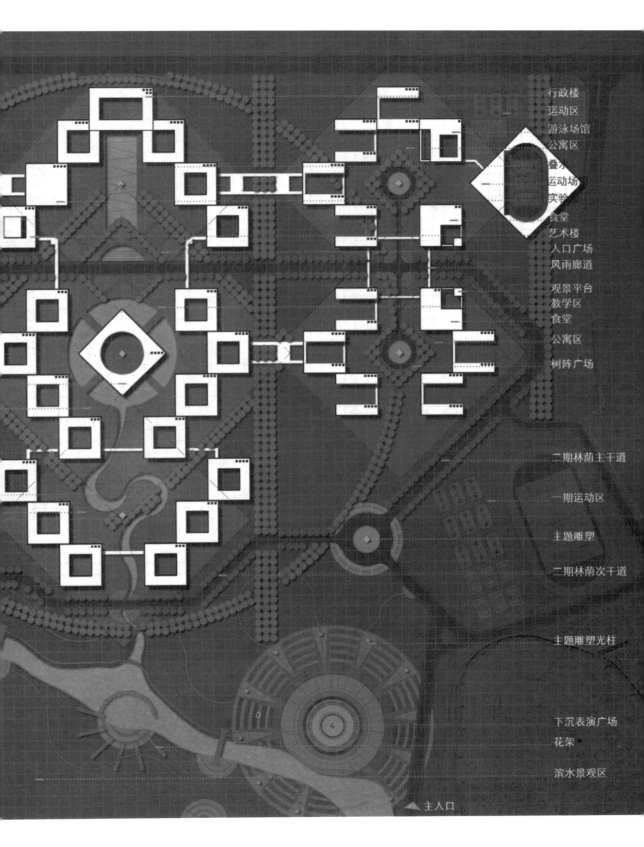

行政楼
运动区
游泳场馆
公寓区
叠水
运动场
实验
食堂
艺术楼
入口广场
风雨廊道
观景平台
教学区
食堂
公寓区
树阵广场

二期林荫主干道

一期运动区

主题雕塑

二期林荫次干道

主题雕塑光柱

下沉表演广场
花架

滨水景观区

▲ 主入口

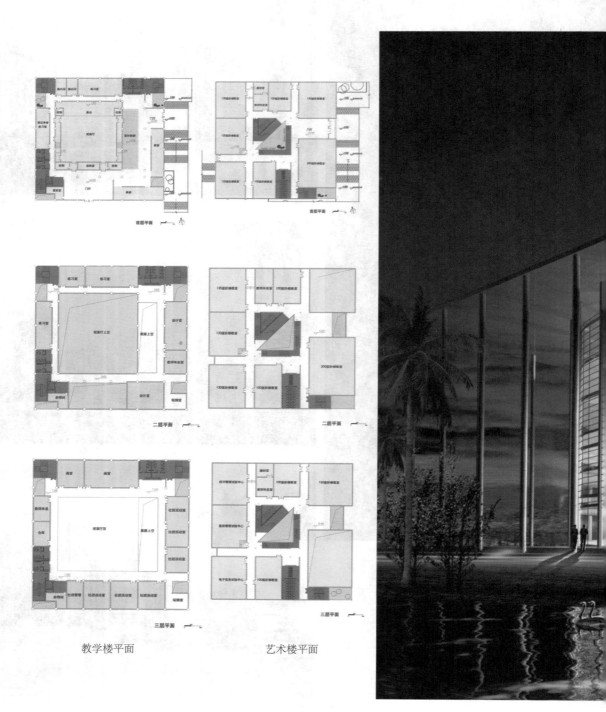

教学楼平面

艺术楼平面

青岛东海路 89 号方案

项目地点：山东省青岛市
设计时间：2006 年
建筑面积：5300 平方米
设 计 者：赵祖望

　　本项目分为酒店和公寓两大部分，酒店部分突破了中间走廊两边分的固定布局，利用核心筒之间的部分设置通高空间，提升酒店客房的公共空间环境。公寓部分将房间方向呈 45 度布置，从而改善正东正西向不良朝向所带来的影响。外立面布局的折线与直线相结合，造型富于动态。

　　有着强烈视觉冲击力建筑造型用时代感的手法融入到这座城市之中。

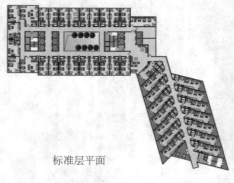

标准层平面

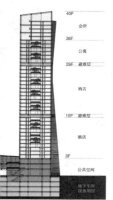

40F 会所
36F 公寓
29F 避难层
酒店
15F 避难层
酒店
3F
公共空间
地下车库
设备用房

剖面图

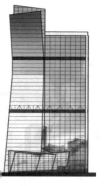

西立面图

南立面图

中科院住宅方案

项目地点：北京市
设计时间：2005 年
建筑面积：115477 平方米
设 计 者：赵祖望

　　在用地紧张和较高户数要求的条件下，利用点、板结合的住宅楼组合布局形式，取得对用地的最大化利用。板式住宅户型采用窄面宽大进深的南北通透形式，在满足户数要求的情况下，争取为每一家住户都创造出舒适的居住场所空间。户型的两卫生间紧靠，使管井共用，布局紧凑合理。

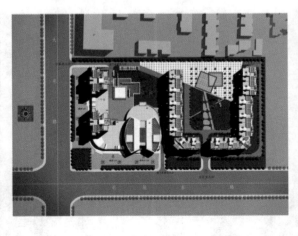

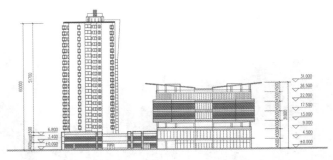

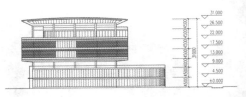

1号楼西立面　　　　　　　　　　　1号楼公建南立面

1 号楼北立面

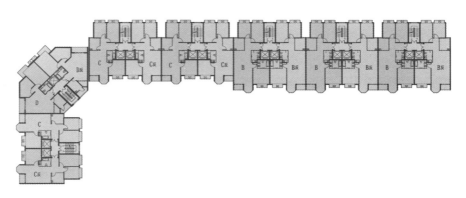

2 号楼住宅首层平面图

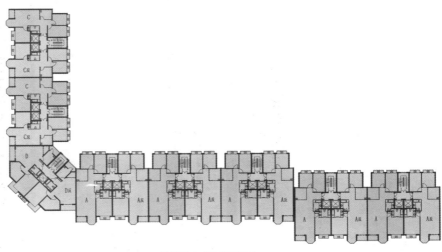

3 号楼住宅首层平面图

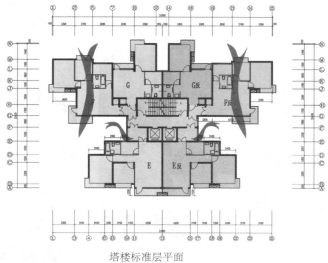

塔楼标准层平面

航天万源休闲广场

项目地点：北京市丰台区
设计时间：2005 年
建筑面积：64802 平方米
设 计 者：赵祖望
设计合作者：孙思乐

　　本方案力求探索建筑在特定城市环境中最恰当的表达形式。定位为国际成熟，国内日渐兴起的一站式商业购物中心和满足单身职工生活居住的公寓这两大功能成为本设计的重要切入点，建筑的艺术性与使用的便捷高效性，构成了本设计的两大基本点，同时，建筑造型中平衡与运动的秩序构成了整个设计的基本脉络。

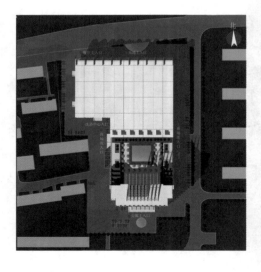

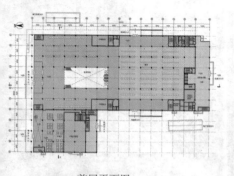

首层平面图

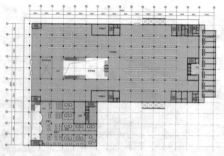

二层平面图

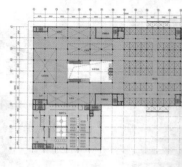

三层平面图

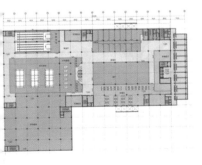

四层平面图

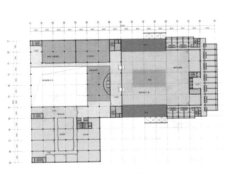

五层平面图

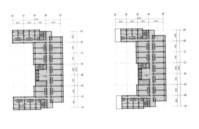

公寓标准层平面图

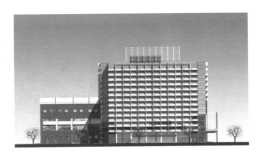

秦皇岛南戴河全海景公寓

项目地点：秦皇岛南戴河
设计时间：2004 年
建筑面积：99171 平方米
设　计　者：赵祖望

　　项目基地位于秦皇岛南戴河阳光海滨。设计无论从建筑朝向和房间角度上都别具匠心，平面采用挂鞭式布局，力求打造全方位海景公寓。大开间尺度，大视角阳台，帘卷一线海景。坐赏阳光海韵，尽享品质生活。

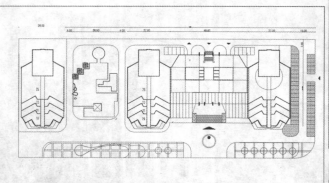

北京泰吉尔物流方案

项目地点：北京市顺义区
设计时间：2003 年
建筑面积：23000 平方米
设　计　者：赵祖望

　　泰吉尔农副产品物流中心由
农副产品仓储区、办公楼、下
沉式展厅、餐厅共同组成，功
能齐全，流线清晰，布局合理。
同时设计中采用简洁、新颖的
建筑造型迎合该物流仓储园区
的综合功能。

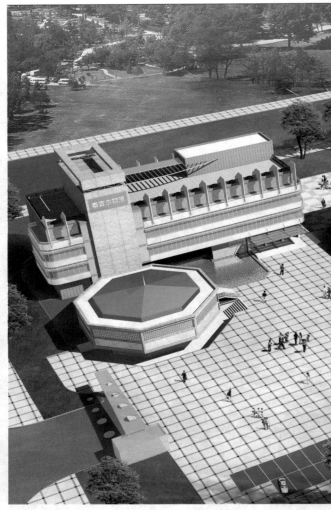

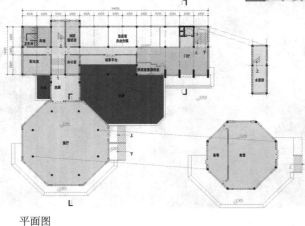

平面图

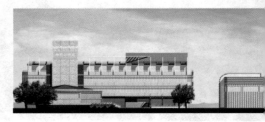

园区南立面

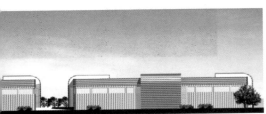

园区西立面

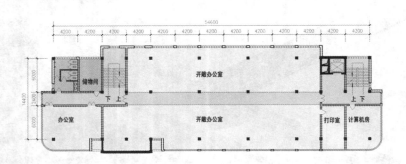

二层平面图

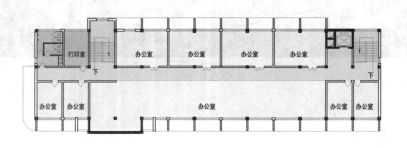

三层平面图

新华社总社机关大院方案

项目地点：北京市西城区
设计时间：2003 年
建筑面积：120000 平方米
设　计　者：赵祖望

　　在保留新华社总社大院原有建筑的基础之上，沿宣武门内大街布置对外营销大楼，并与其西侧的独立办公大楼用过街楼相衔接，另外在生活区布置食堂及职工活动中心，将整个大院的功能合理地整合在紧张的用地中。

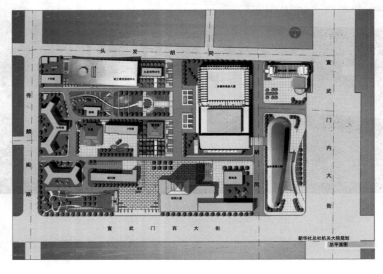

新华社总社机关大院规划
总平面图

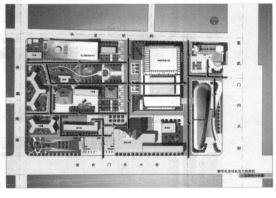

一汽技术中心大楼方案

项目地点：吉林省长春市
设 计 时 间：2003 年
建 筑 面 积：21290 平方米
设 计 者：赵祖望

　　由于项目用地狭长，设计中将办公楼沿主干道一字型布局，并用点、板相互结合，高低错落有致的设计手法，营造丰富的群体空间。

三、四、九、十三层

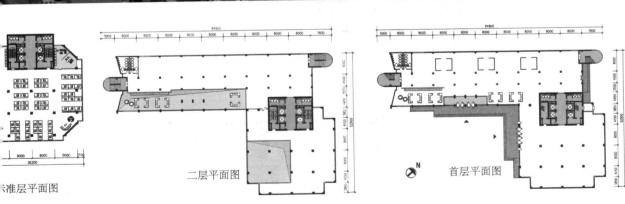

标准层平面图

二层平面图

首层平面图

方案一北立面图

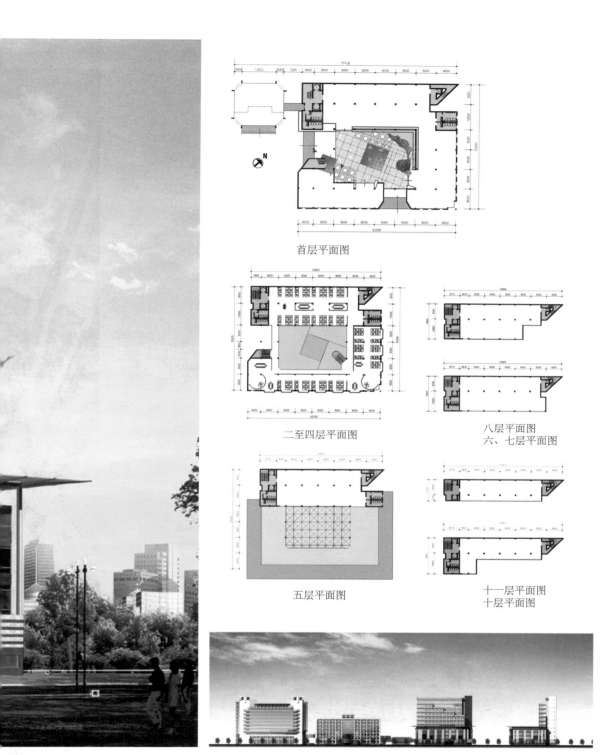

首层平面图

二至四层平面图

八层平面图
六、七层平面图

五层平面图

十一层平面图
十层平面图

方案二北立面图

泰州新纪元商业中心

项目地点：江苏省泰州市
设计时间：2003 年
建筑面积：23000 平方米
设 计 者：赵祖望

　　本商业中心的规划从寻找
建筑空间与城市空间的切合点
出发，用高低错落有致的建筑
形式来营造城市中建筑的空间
秩序，并在此基础上赋予各
空间的建筑功能，形成商业
组合体。
　　干道与室内步行街采用平
面构成手法，组合变化多彩。

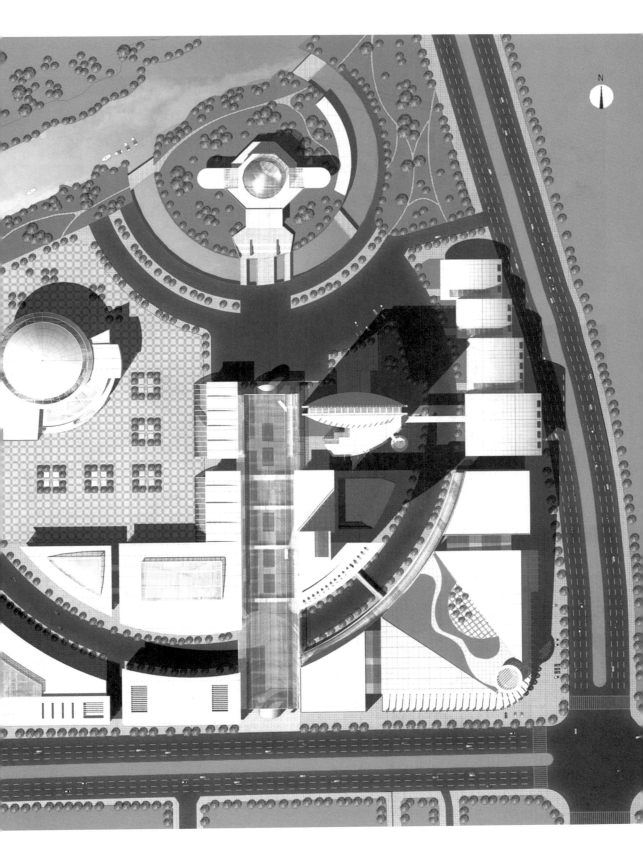

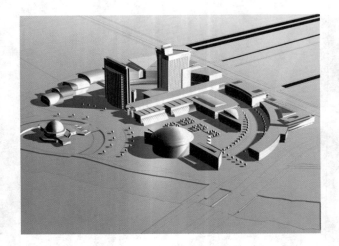

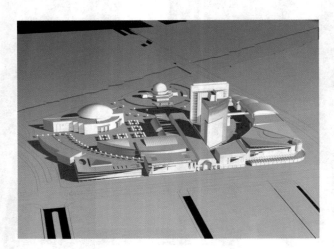

一汽技术中心青岛汽车研究所

项目地点：山东省青岛市
设计时间：2001 年
建筑面积：30000 平方米
设　计　者：赵祖望
设计合作者：霍春龙
获竞赛一等奖。

　　作为工业建筑，通常情况下
主要考虑工艺要求，忽略了建筑
形式，而本设计从一汽技术研发
中心的研发工艺角度出发，将每
一道工序所需的建筑空间及环境
要求进行缜密的组织，并充分结
合地形，在近八边形的建筑平面
上进行加法处理，将研究中心的
研发工艺流程合理地组织在一起，
突破了长期以来一成不变的工业
建筑模式，这一灵活自由的工业
建筑空间同时也给工作人员带来
了舒适、轻松的工作环境。

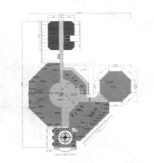
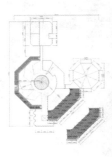

首层平面图　　　　　　　　二层平面图

天津荣华里二期规划建筑设计

项目地点：天津市
设计时间：2001 年
建筑面积：43812 平方米
设 计 者：赵祖望

　　本住宅项目利用紧张的地形，以小高层、高层以及商业进行有机组合，来实现功能和容积率的要求。住宅户型以一梯两户为主，将保姆房和厨房向北拉长布局，形成更衣的使用空间，使住宅设计有了突破。南北通透的板式户型更有利于营造出舒适、宽敞的居住空间环境。

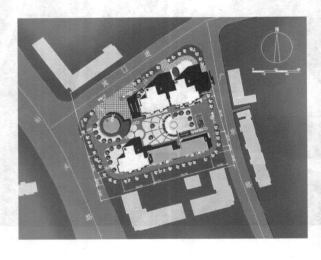

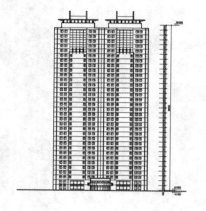

A、B 座北立面图

C、D、E 座正立面图

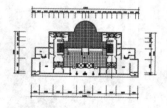

A、B 座首层组合平面图

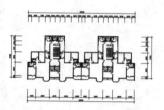

A、B 座标准层组合平面图

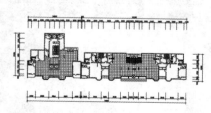

C、D、E 座首层组合平面图

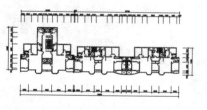

C、D、E 座标准层组合平面图

首都师范大学图书馆

项目地点：北京首都师范大学
设计时间：2001 年
竣工时间：2003 年
建筑面积：16504 平方米
设　计　者：赵祖望
设计合作者：王玉波
获竞赛一等奖。

　　本图书馆设计从竖向进行功能分区，首层是办公、会议功能，中间各层为各专业书籍阅览区，顶层为特殊书籍阅览区，地下书库藏书 200 万册，并布置文物书籍室。另外，海峡两岸三地研讨会在本图书馆召开，深得与会图书馆专家的好评。

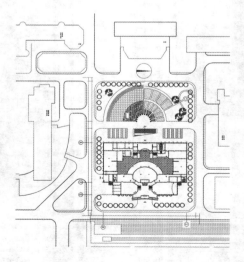

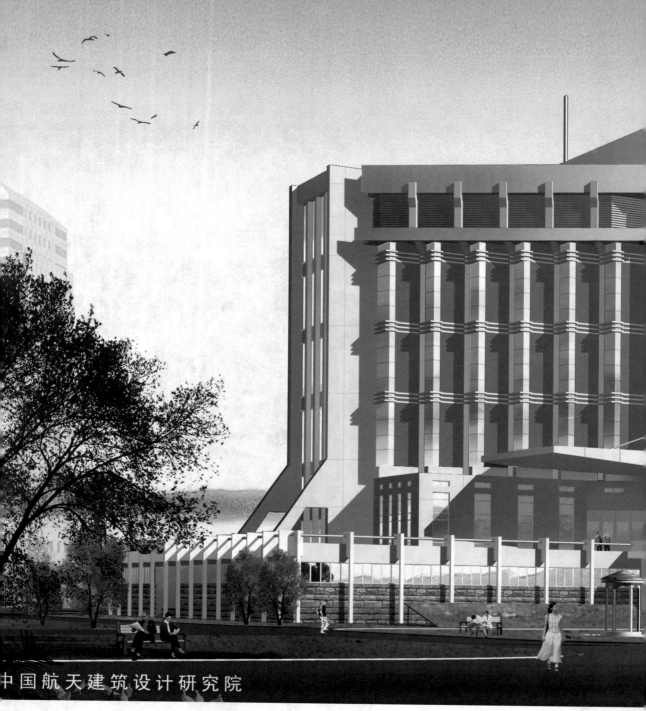

中国航天建筑设计研究院

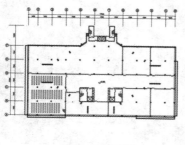

地下一层平面图

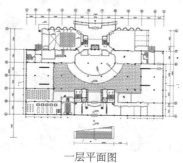

一层平面图

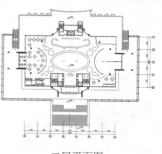

二层平面图

首都师范大学北区图书馆方案一

三层平面图　　　　　　四层平面图　　　　　　五层平面图

阳江海陵戏水乐园

项目地点：广东省阳江市
设计时间：2001 年
建筑面积：28000 平方米
设 计 者：赵祖望

　　本戏水乐园结合滨海沙滩环境，以一个梭形建筑形体作为浴场主体建筑，展开式的平面利于满足浴室的功能需要，梭形的建筑形体也非常符合较大跨度的结构需求。其外以曲线形的主入口结合商店、餐饮、更衣功能，与竖直向的观光塔组合，形成均衡、丰富的建筑形体，与海岸线自然地结合在一起。

中华航天博物馆

项目地点：北京市东高地
设计时间：1992 年
竣工时间：1993 年
建筑面积：8900 平方米
设　计　者：赵祖望
设计合作者：吴文清
荣获部优秀设计奖。

　　本项目是当时我国航天系统唯一建成的对外展示基地。展出内容有运载火箭、发动机部件、卫星及有关装备、火箭发射演示及有关图片等。
　　建设用地十分紧张，只能是一个大跨度的矩形。为了使入口不至于太紧迫，底层内收，以大台阶与前面小广场连通，二层向外挑出部分设置保密展厅和会议厅。
　　展示大厅宽 58 米，长约 60 米，内设地下展坑，使火箭能竖直展出，并通过环廊下设展览夹层，向内收进，营造出层次丰富的展览空间。

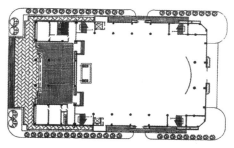

一层平面图

立面图

剖面图

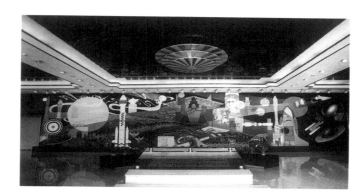

北京市体委跳水、游泳馆

项目地点：北京木樨园
设计时间：1990 年
竣工时间：1993 年
建筑面积：7169 平方米
设 计 者：赵祖望
设计合作者：陈永华

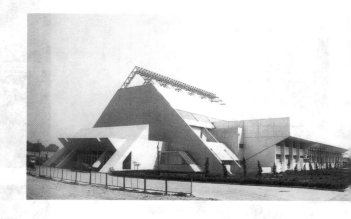

　　训练馆由跳水馆、游泳馆、花样游泳馆和陆上训练馆组成。由于投资有限，用地紧张，本设计将有限的面积充分满足跳水、游泳和花样游泳三馆，将其紧凑地组成"品"字形。辅助房间及陆上训练馆分设在跳水馆东西两侧。平面对称布局。

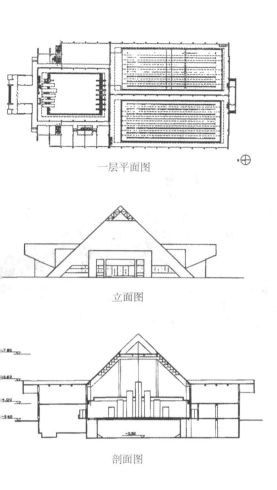

一层平面图

立面图

剖面图

十三陵九龙游乐园

项目地点：北京十三陵景区
设计时间：1989 年
竣工时间：1992 年
建筑面积：8600 平方米
设　计　者：赵祖望
设计合作者：徐伯安
　　　　　　古典建筑研究所
荣获北京市群众喜爱的民族形
式建筑奖。

　　本项目用中国古典建筑形
式取得与十三陵历史风景区的
相协调，九边形重檐攒尖的龙
宫殿及水下部分一起将游乐建
筑功能与中国古典神话高度地
融为一体，另外富有民族传统
意境的滨河休闲餐饮区与龙宫
殿、停车场一起营造出了深邃
的游乐建筑意境。

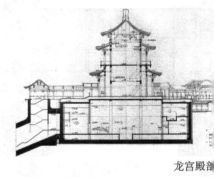

龙宫殿剖

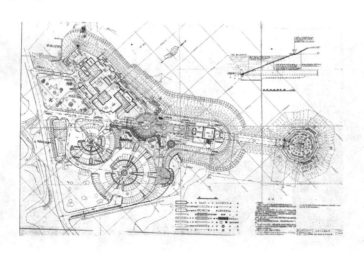

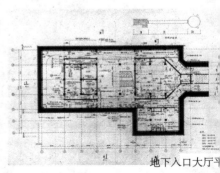

地下入口大厅平

石岩湖温泉浴室

项目地点：深圳市
设计时间：1983 年
竣工时间：1984 年
建筑面积：1200 平方米
设　计　者：赵祖望
荣获部优秀设计奖。

　　本项目以六边形浴室建筑形式作为母题，再将每个浴室进行串联组合拼接，围合出富有层次感的院落空间，并加以廊桥、水系、假山石等景观的布置，构成了石岩湖畔的一组生动画面。

总平面图

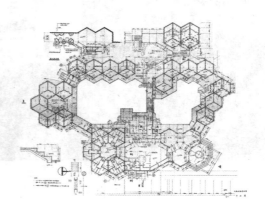

平面图

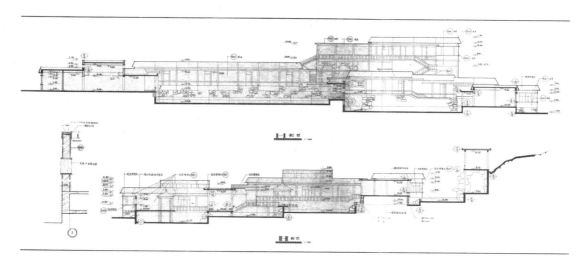

剖面图

中华航天城

项目地点：北京红螺寺
设计时间：1983 年
设 计 者：赵祖望
设计合作者：付能敦　窦晓玉
　　　　　　王文斌　王克定

中华航天城由九个展览馆（航
天博物馆、太空馆、地球馆、月
球馆、卫星馆、探索馆、综合馆、
西游记馆、礼品馆等），会议中心，
商场，别墅以及许多辅助楼房组
成，其中以九个馆围合成的水院，
是城中之城。
　航天城以高科技游乐园为主
题，水面占据较大比重，各场馆
造型新颖，富有内涵，共同组合
出相应成趣的游乐园区。

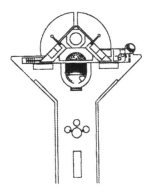

航天博物馆方案一平面图

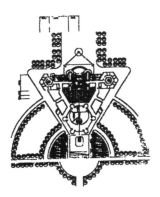

航天博物馆方案二平面图

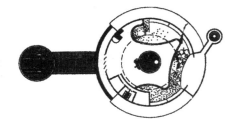

地球馆平面图

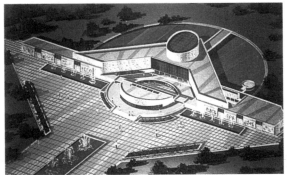

航天博物馆方案一

航天博物馆方案二

地球馆

礼品馆

其他作品集锦

|1|2|
|3|
|4|5|

1. 农学院图书馆
2. 汽车展示城
3. 门头沟某公寓
4. 内蒙古宾馆
5. 福建云霄县广电中心
6. 黄旗山国际花园小区规划
7. 敦煌亚丹风景区总平面规划
8. 怀柔区耿辛庄现代养鱼村
9. 河北动漫游戏产业发展基地

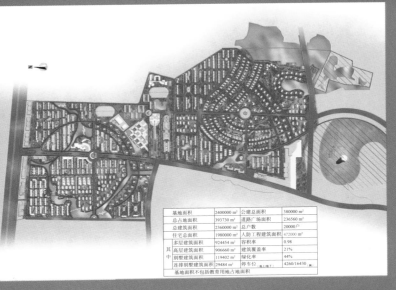

基地面积	2400000 m²	公建总面积	380000 m²
总占地面积	393730 m²	道路广场面积	236560 m²
总建筑面积	2360000 m²	总户数	20000户
住宅建筑面积	1980000 m²	人防工程建筑面积	472000 m²
其中 多层建筑面积	924454 m²	容积率	0.98
高层建筑面积	906660 m²	建筑覆盖率	21%
别墅建筑面积	119402 m²	绿化率	44%
连排别墅建筑面积	29484 m²	停车位	4260/16430
基地面积不包括教育用地占地面积			

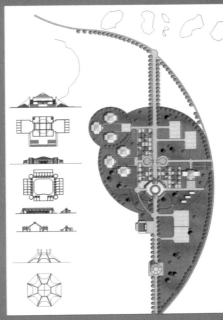

6	7
8	9

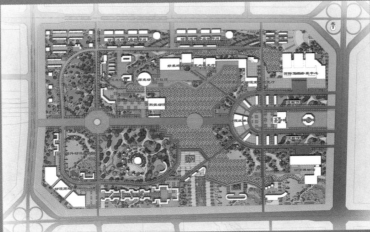